芯片
及其他
计算机技术

强国少年
高新科技
知识丛书

01

世图汇 / 编著

江苏凤凰科学技术出版社 · 南京

图书在版编目（CIP）数据

芯片及其他计算机技术 / 世图汇编著 . — 南京：
江苏凤凰科学技术出版社，2022.12（2023.8 重印）
（强国少年高新科技知识丛书）
ISBN 978-7-5713-3200-6

Ⅰ . ①芯… Ⅱ . ①世… Ⅲ . ①芯片 – 少年读物 ②计算
机技术 – 少年读物 Ⅳ . ① TN43-49 ② TP3-49

中国版本图书馆 CIP 数据核字 (2022) 第 162513 号

感谢 WORLD BOOK 的图文支持。

芯片及其他计算机技术

编　　　著	世图汇	
责 任 编 辑	谷建亚　沙玲玲	
助 理 编 辑	杨嘉庚　钱小龙	
责 任 校 对	仲　敏	
责 任 监 制	刘文洋	

出 版 发 行	江苏凤凰科学技术出版社
出版社地址	南京市湖南路 1 号 A 楼，邮编：210009
出版社网址	http://www.pspress.cn
印　　　刷	上海当纳利印刷有限公司

开　　　本	718 mm×1 000 mm　1/16
印　　　张	3
字　　　数	60 000
版　　　次	2022 年 12 月第 1 版
印　　　次	2023 年 8 月第 5 次印刷

标 准 书 号	ISBN 978-7-5713-3200-6
定　　　价	20.00 元

目录

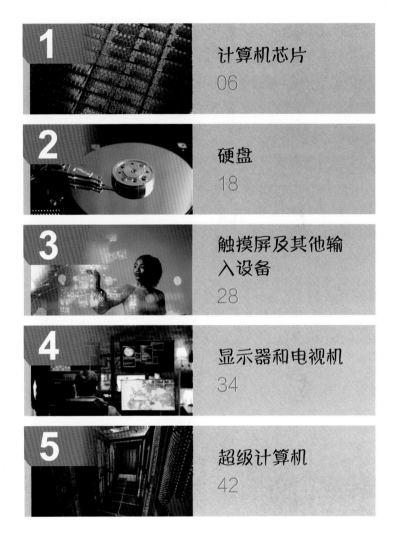

引言

现代计算机的出现才 50 年左右，但技术发生了几乎无法想象的变化。

把你自己想象成计算机时代初期的一名年轻的计算机程序员。为了完成正在编写的程序，你早早地来到公司。你不是在计算机上工作，而是通过在数十张小卡片纸上打小孔来输入代码。你在午餐时间都在工作，以避开下午主机（一种大型中央计算机）的高峰期。但是你在匆忙中遗漏了你的一沓穿孔卡片！

当你将卡片按顺序放回时，在主机上要等待很长时间。当轮到你时，你把你的一沓卡片交给操作员。在主机计算你的结果时，你必须等待几分钟——前提是你没有犯任何错误！

在回到办公桌的途中，你嫉妒地注视着更有经验的程序员。他们根本不需要使用卡片，他们共享几台直接连接到一台更新的主机的计算机终端。计算机的终端有黑绿色的显示器和键盘。当你在电动文字处理机上撰写报告时，你会稍微体会到这种体验。它没有屏幕，但它比你几年前使用的打字机更高级。

这种情况可能看起来很奇怪，但不久前人们习惯以这种方式工作。再过 50 年，谁知道计算机硬件会发生多大变化呢？

① 计算机芯片

机器内神奇所在

　　计算机芯片是计算机跳动的心脏。计算机芯片接收信息和指令，执行计算，并将结果发送到机器的其他部分。

　　芯片也不仅仅存在于计算机中。越来越多的设备依靠计算机芯片智能高效地运行。计算机芯片让我们的汽车保持运转，监测我们家中的温度，并让我们的电器保持正常运行。

　　社会不仅开始依赖计算机芯片，而且我们也开始依赖越来越强大的芯片。程序员继续设计使用更强算力的应用程序和新功能。还记得 10 年前的电脑或智能手机吗？它完全跟不上现代的速度和节奏了。

　　许多学者开始怀疑计算机芯片的进步能否继续跟上需求的步伐。发明者正在研究下一代芯片技术来解决这个问题。

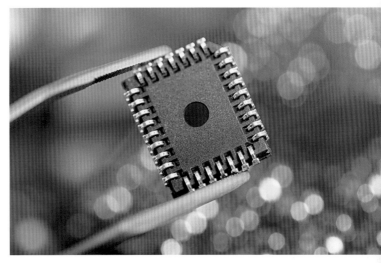

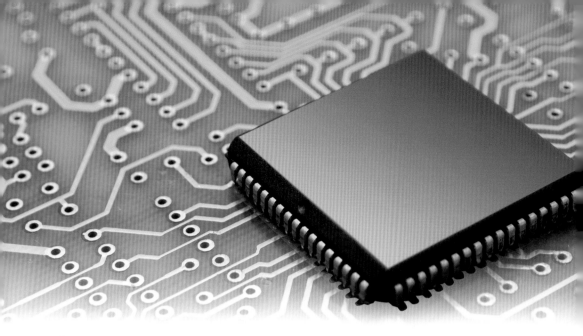

芯片基础知识

　　每个计算机芯片都包含数十亿个称为晶体管的微型元件。晶体管控制电流的流动，打开和关闭电流，或者放大（加强）电流。一个称为输入信号的小电压同时控制开关和放大。

工作中的晶体管

计算机芯片中的晶体管通过快速开关操作来操纵电荷。电荷以二进制数字系统的 0 和 1 形式表示信息。所有通过计算机芯片的东西，从低级计算机语言到计算机游戏，都首先被翻译成二进制代码。晶体管移动电荷时，电子电路进行计算，解决逻辑问题，在屏幕上形成图像，并执行其他计算机操作。

寻找合适的材料

计算机芯片依靠少量电流的
精确流动来执行计算。电流
很容易通过一些称为导体的
材料流动。但是导体会让过
多的电流通过，大量涌入甚
至会损坏晶体管。其他材料
则抵抗电流的流动，这种材
料称为绝缘体。但是由绝缘
体制成的芯片不能导电或进
行任何计算。

半导体

制造商使用一种称为半导体的特殊材料制造计算机芯片。半导体是
一种导电性比绝缘体更好但不如导体的材料。半导体可以精确控制
电子（构成电流的带电粒子）。今天，半导体是由化学元素硅制成的。
硅存在于沙子中，它容易获得，易于使用，且很便宜。

计算机芯片的历史

第一台电子计算机是由一团乱麻的电线和笨重的晶体管组成的。它们很难设计并且生产成本很高。每个晶体管都必须单独连接，因此技术人员为每台计算机手工焊接（连接）了数万个连接点。一些制造商设计了带有一组标准化晶体管的子单元，但这使得定制计算机设计变得更加困难。

硅谷

从美国东南部加州帕洛阿尔托到圣何塞的地区被称为硅谷，因为它有许多与计算机相关的产业。该地区从 20 世纪初开始就是技术创新的温床。美国西部最重要的大学之一——斯坦福大学就位于该地区。该地区的西部位置使其成为雷达、无线电和电报技术的战略中心。一个军用机场吸引了航空和航天发明家。20 世纪 50 年代，美国发明家威廉·肖克利（William Shockley）在加州山景城创立了肖克利半导体实验室。该公司是第一家用硅生产晶体管的公司。

杰克·基尔比（Jack Kilby）

杰克·基尔比是一名美国发明家致力于设计晶体管子单元。但是，他知道必须有更好的方法来解决晶体管数量不断增加所带来的问题。他设想用一块材料"雕刻"出一个完整的子单元。基尔比于1958年开始为德州仪器公司工作。当大多数其他员工都在放暑假时，他尝试了一种混合设计，将晶体管铸进一个小金属块中并通过电线将它们连接。

罗伯特·诺伊斯（Robert Noyce）

美国发明家罗伯特·诺伊斯对肖克利的僵化的管理感到不满，于是离开公司，与他人共同创立了飞兆半导体公司（Fairchild Semiconductor Corporation）。在飞兆半导体公司，他于1959年构思了集成电路（一组刻在芯片中的晶体管）。诺伊斯于1968年与他人共同创立了英特尔公司，生产计算机芯片。诺伊斯因共同发明集成电路和他轻松的管理风格而赢得了"硅谷市长"的绰号，这也定义了许多科技公司。

英特尔 4004

让单个芯片执行计算的想法几年后都没有流行起来。1969年，芯片公司英特尔签署了一份设计和制造计算机芯片的合同。计算机制造商建议使用8个独立的芯片，但为了节省时间和资源，英特尔公司建议只使用4个芯片，每个主计算进程使用1个。意大利出生的工程师费德里科·法金（Frederico Faggin）设计了4004芯片，该芯片在设备内执行所有的计算。

制造计算机芯片

基尔比用单块材料"雕刻"处理器的想法构成了当今微芯片制造的基础。芯片是通过光刻工艺制造的。

用光"雕刻"

一种特殊的液体被涂在氧化硅晶片上，这种称为光刻胶的液体对光敏感，且耐酸。对晶片进行烘烤，使光刻胶硬化。然后在晶片上覆盖一层称为掩模的层，该层具有与芯片中的晶体管图案相对应的透明部分。强大的光线穿过这些部分，溶解下面的光刻胶。从晶片上去除掩模，并酸蚀其中光刻胶被溶解后的氧化硅。

超洁净条件

在生产过程中落在晶片上的任何杂质都可能导致芯片缺陷，因此，大部分制造都在无尘室中进行。这样的房间有精确的气温控制和严格的空气过滤，以去除空气中的灰尘和其他碎屑。在洁净室里，工作人员和参观者都穿着特殊的服装。

化圆为方

将多个芯片同时蚀刻到大的硅晶片上效率更高。在一个大的晶片上进行各种制备、烘烤和冲洗的速度可能比在几个较小的晶片上更快。晶片是从一个大的圆柱形硅锭（片）切割而成的，非常像一片午餐肉。晶片必须是圆形的，因为它被旋转以便将光刻胶均匀地涂在其表面上。旋转时，方形晶片的稳定性较差，并且光刻胶在拐角处涂抹也不会那么均匀。

工程挑战：遵从"规律"

　　1965年，飞兆半导体公司的一位名叫戈登·摩尔（Gordon Moore）的年轻技术专家做了一次有趣的观察。他注意到，集成电路上可以容纳的晶体管数目在大约每经过12个月便会增加一倍。他预测，这种趋势将在未来10年持续下去。

　　1968年，摩尔离开飞兆半导体公司，与罗伯特·诺伊斯等人共同创立了英特尔公司。摩尔定律成为公司内部的指导原则。英特尔公司迅速成为全球领先的芯片制造商。在摩尔最初的预测于1975年到期后，他进一步预测电路的复杂性每两年就会翻一番。与成本相比，计算机芯片的处理能力也遵从这一趋势。

50 多年来，摩尔的预测仍然准确。计算机芯片开发人员将越来越小的元件蚀刻到硅中。但是这种晶体管的封装和功率的增加已经达到了物理极限。技术人员发现这一趋势正在放缓，使晶体管和电路更小变得越来越困难。物质的本质似乎构成了一个限制——电路根本不能小于单个原子的宽度。

科学家们乐观地认为，新技术将使计算机芯片得到改进。但是，改进的速度可能比目前根据摩尔定律预测的要慢。要想延续这一趋势，可能需要一种截然不同的设计来突破。

下面的图表显示了每款新芯片的晶体管数量与发布年份的关系，显示了计算能力是如何随着时间的推移而上升的。

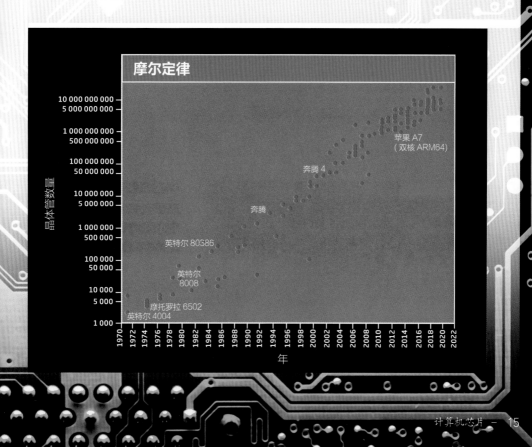

摩尔定律

晶体管数量

10 000 000 000
5 000 000 000

1 000 000 000
500 000 000

100 000 000
50 000 000

10 000 000
5 000 000

1 000 000
500 000

100 000
50 000

10 000
5 000

1 000

苹果 A7
（双核 ARM64）

奔腾 4

奔腾

英特尔 80386

英特尔
8008

摩托罗拉 6502
英特尔 4004

1970 1972 1974 1976 1978 1980 1982 1984 1986 1988 1990 1992 1994 1996 1998 2000 2002 2004 2006 2008 2010 2012 2014 2016 2018 2020 2022

年

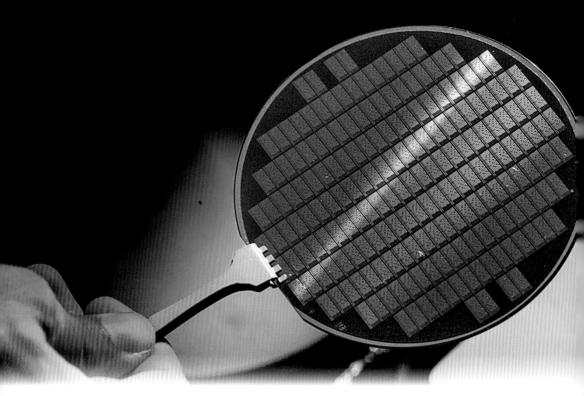

超越硅

　　今天，计算机芯片是二维的，电子沿着扁平的路径通过栅极和电路。多层硅芯片是不可能的，因为印制下一层的苛刻过程会破坏其上面的层。但是，工程师们正在尝试用称为碳纳米管的微小结构制造芯片，可以在不那么苛刻的条件下制造这种芯片，允许以三维结构构建层。

专用处理器

对处理器加速的秘诀可能是将它们再次拆分。工程师们正在尝试将不同类型的计算任务分离成专门处理这些任务的处理器。这些类型的几个不同处理器将连接在单个集成电路中。人工智能可能会有助于让此类设备理解其当前的使用情况，并优化发送到每个处理器的工作负荷。

量子计算

在传统计算机中，晶体管在"开"或"关"状态运行。但是量子物理学的一个怪异行为允许一些亚原子粒子在高度特殊的条件下存在于不同的状态之间。在量子计算机中，开关基本上可以同时"打开"和"关闭"。量子计算机可以利用这种奇怪的特性来执行非常强大的计算。但它们必须经过精心设计才能充分利用这一特性——有时需要将颗粒冷却到极低的温度。

② 硬盘

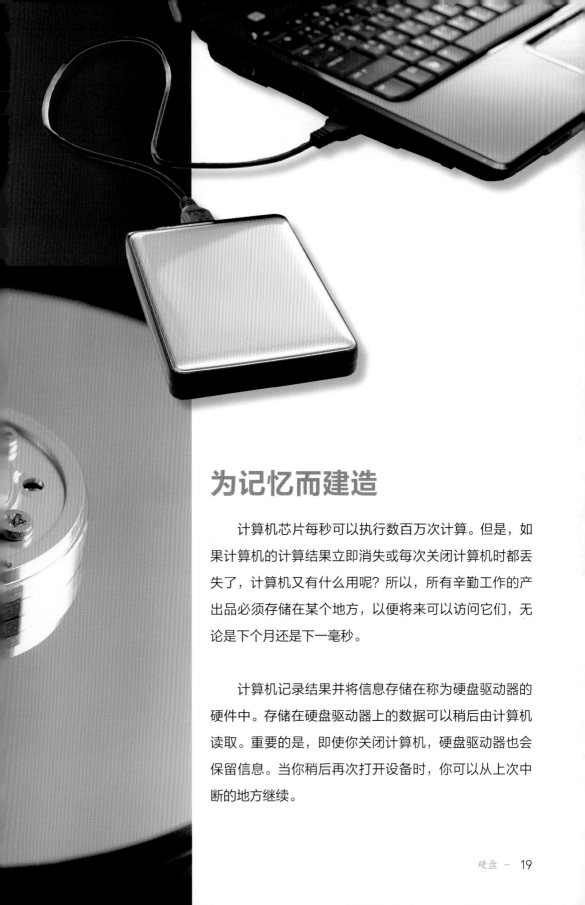

为记忆而建造

计算机芯片每秒可以执行数百万次计算。但是，如果计算机的计算结果立即消失或每次关闭计算机时都丢失了，计算机又有什么用呢？所以，所有辛勤工作的产出品必须存储在某个地方，以便将来可以访问它们，无论是下个月还是下一毫秒。

计算机记录结果并将信息存储在称为硬盘驱动器的硬件中。存储在硬盘驱动器上的数据可以稍后由计算机读取。重要的是，即使你关闭计算机，硬盘驱动器也会保留信息。当你稍后再次打开设备时，你可以从上次中断的地方继续。

无字信息

自文明诞生以来，人们就需要记录事物的方法。但是纸和墨水很难制作，书面记录也很脆弱。

结绳文字

古南美洲印加帝国使用了一种更坚固的编码记录系统：结绳文字。结绳文字是打结的绳子的一种集合。官员们以各种方式将绳子打结，以对有关交易货物、税收和其他官方记录的信息进行编码。绳子也被染成各种颜色，每种颜色都可向记录员提供更多信息。

穿孔卡片

穿孔卡片是数据存储发展的重要一步。早期的计算机把结果打孔到卡片上以便读取和存储。即使在数据存储技术超越了穿孔卡片之后，它们仍然被用来编写计算机程序。工程师会通过在卡片上打孔并将它们装成一沓来仔细编写程序。

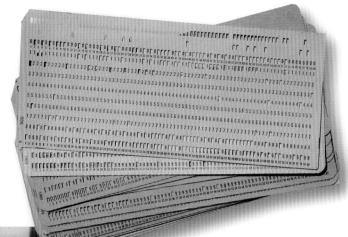

穿孔卡片的第一份工作

美国在 19 世纪后期迅速发展。美国法律要求每 10 年进行一次人口普查（人口统计）。但是，人口普查的日益复杂性和人口的增长使这一过程陷入困境。手工计算的 1880 年的人口普查耗时 7.5 年。如果没有变化，官员们预计 1890 年人口普查的制表（计数）将花费 10 多年的时间——超出下一次人口普查的开始时间！

赫尔曼·何乐礼

（Herman Hollerith）

美国发明家赫尔曼·何乐礼开发了一个系统，可以机械地制表来统计数据。一名人口普查官员将一个人的信息以打孔的形式记在一张卡片上，然后将其输入一台特殊的制表机。机器会尝试将金属针穿过卡片中可能打孔的每个位置。如果针穿过一个孔，针将完成一个电路，添加到机器内的计数器中。使用这种方法，1890 年的人口普查仅用了 2.5 年就完成了制表。

用磁铁存储数据

电和磁密切相关。许多计算机内存设计都利用这种关联来存储数据。计算机可以轻松地读取和写入磁存储介质，因此可以一次又一次地重复使用它们。

鼓式硬盘

鼓式硬盘是最早的磁性硬盘存储设备。它们发明于 20 世纪 30 年代，使用了一个涂有磁化铁的大型旋转鼓。安装在旋转鼓周围的多个固定磁头可以读取和写入信息。

磁带

从 20 世纪 50 年代开始，磁带成为数据存储的行业标准。电子"磁头"读取或写入从卷轴上展开的磁带。磁带被卷到另一个卷轴上。磁带存储比现代磁盘驱动器或闪存驱动器储存慢。但是，它非常可靠并且具有很高的存储容量。由于这些原因，今天仍然使用磁带来备份重要信息。

硬盘驱动器

国际商业机器公司（简称 IBM）于 1956年推出了第一个磁性硬盘驱动器。它占据了整个房间，存储了 5 兆字节的数据——大致是一张现代数码照片中的数据量。今天，硬盘驱动器仍然是数据存储的主力军。每个硬盘驱动器可容纳多个磁盘。读写磁头从每张磁盘的一侧存储和访问数据。

工程挑战：
将数据保存在云端，并保持其冷却

你是否曾经在云端存储过照片、文档或音乐？这是一种方便的方式来备份你的文件，并可以从任何与互联网连接的地方访问它。但是你的文件去哪里了？它们存储在海量数据中心！数据中心是容纳计算机系统的设施，可以提供多种计算服务，数据存储就是其中之一。

如果一台计算机只有一个硬盘驱动器，并且该硬盘驱动器出现故障，那么它的所有数据都可能丢失。另一方面，数据中心跨多个存储驱动器存储客户的数据。它还存储多个数据副本。这种安排确保数据永远不会丢失，即使一个或多个数据中心硬盘发生故障。

家庭用户可以通过在台式计算机中连接多个硬盘驱动器来模拟这个优点。但是，如果计算机丢失或损坏，用户仍然会丢失计算机的所有数据。许多云存储服务将用户的数据存储在多个数据中心，因此即使整个数据中心被破坏，信息也不会丢失！

在当今互联世界，数据中心对于信息存储来说是必不可少的。

但它们并非没有问题。数据中心使用大量电力并排放废热。计算机科学家、建筑师和工程师继续尝试部署数据中心的新方法，以减少其能耗和热量输出。一些数据中心甚至建在北极圈内或放置在海底以保持凉爽！一些数据中心的废热被收集起来为附近的家庭和企业供暖。

变革性的新数据中心将完全依靠可再生能源运行，利用其废热为附近的建筑物供暖（上图）。该数据中心正由美国科技公司微软在北欧国家芬兰（左图）建造。

当前和未来的数据存储

    50 年来，磁盘驱动器取得了长足的进步。硬盘不再像房间那么大，适合部署在小型标准化的机架上。今天，计算机爱好者可以购买一个 20TB 的硬盘驱动器，其存储空间是第一个磁盘驱动器的 400 万倍！ 工程师们正在开发更静音、能耗更低的磁盘驱动器。

闪存

移动部件使磁盘驱动器容易发生故障，尤其是在移动应用中。但闪存设备可以以电子方式存储数据，即使在关闭时也是如此。由于没有移动部件，闪存使大容量智能手机的开发成为可能，并使笔记本电脑更轻、更耐用、更节能。甚至台式电脑和其他固定式机器也开始使用固态硬盘。

光存储

光存储使用标有数百万个微观凹坑的特殊光盘。激光检测这些凹坑，并将其图案转换为计算机代码。最常见的光存储介质是 DVD 和蓝光光盘。电影、电视节目和音乐流媒体服务的爆炸式增长减少了人们对光存储的使用。但是光盘仍然非常适合保存永久、高质量的数据副本。

DNA 存储

大自然在数十亿年前解决了信息存储问题。生物体内的每个细胞都在 DNA 或 RNA 的结构中保存其基因的完整副本——数千兆字节的信息。令人惊讶的是，我们可能很快也能够将数据存储在 DNA 中。DNA 的密度如此之大，以至于一台台式计算机大小的基于 DNA 的服务器可以存储人类曾经产生的所有数据。

光存储的第五维

光存储可能会卷土重来。标准压缩光盘（CD）使用刻在平盘上的单层凹坑——这样的二维结构来存储数据。DVD 有几个这样的层融合在一起。英国南安普顿大学的工程师们正在开发一种光盘，该光盘可以压缩额外的两个"维度"信息，总共五个维度。额外的维度来自凹坑的雕刻方式，导致它们以不同的方式反射激光。标准尺寸的五维光盘最多可容纳 500TB！

3 触摸屏及其他输入设备

指尖下的计算

　　如果我们不能告诉它该做什么，世界上最强大的计算机将毫无用处。我们通过输入设备给计算机下达各种指令。这些设备可以像脑机接口（BCI）一样高科技，也可以像键盘一样简单。输入设备将我们的动作或电信号转换为计算机可以理解的代码。

　　输入设备已经发展了几十年，但不起眼的键盘和鼠标仍然是台式计算机的标准设备。几乎所有的移动设备都包含触摸屏，触摸屏也在笔记本电脑中流行起来。各种各样的其他输入设备几乎可以满足任何需求。

当快速连续敲击某些组合键时，机械打字机经常被卡住。为了解决这个问题，美国发明家克里斯托夫·拉森·肖尔斯（Christopher Latham Sholes）在 19 世纪 70 年代帮助开发了 QWERTY（标准键盘）布局。该布局以其前六个键命名，将常用的字母组合分开以减少键位被卡住。键位卡顿不再是问题，现代键盘仍在使用该键盘布局。

键盘和鼠标

现代电脑键盘起源于机械打字机。它继承了打字机的实用性以及至少一个有趣的特性。

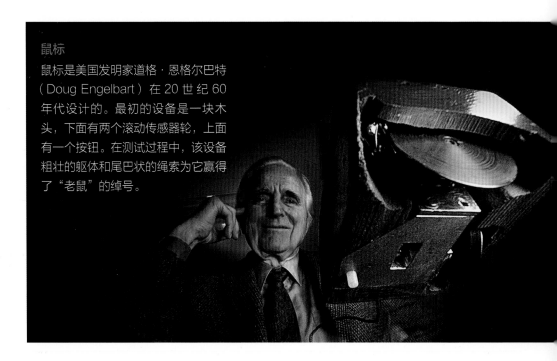

鼠标

鼠标是美国发明家道格·恩格尔巴特（Doug Engelbart）在 20 世纪 60 年代设计的。最初的设备是一块木头，下面有两个滚动传感器轮，上面有一个按钮。在测试过程中，该设备粗壮的躯体和尾巴状的绳索为它赢得了"老鼠"的绰号。

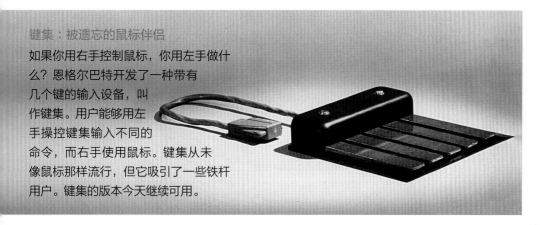

键集：被遗忘的鼠标伴侣

如果你用右手控制鼠标，你用左手做什么？恩格尔巴特开发了一种带有几个键的输入设备，叫作键集。用户能够用左手操控键集输入不同的命令，而右手使用鼠标。键集从未像鼠标那样流行，但它吸引了一些铁杆用户。键集的版本今天继续可用。

光学鼠标

传统的机械鼠标使用滚动球来跟踪运动。但是球可能会从滚动表面吸收灰尘和污垢。这些碎屑可能会积聚在内部元件上，从而降低其响应性。2004 年，计算机公司——罗技公司发布了一款鼠标，该鼠标使用底座中的小型激光器检测运动。

带数字键盘鼠标

一家名为 ZZ 的公司已将鼠标传感器添加到分体式、外形设计独特的键盘中，生产出了带数字键盘的鼠标。键盘的每一半都可以作为鼠标使用，而用户的手则保持在按键的位置。该产品对许多用户来说改善了人体工程学，使他们能够保持肩膀张开并将手放在设备上。

触摸屏和触摸板

今天，大多数触摸屏和触摸板都使用电容技术，电容屏会产生一层电荷。而人体会导电，因此，用裸露的手指触摸屏幕会导致少量电荷从屏幕移动到手指。电荷太弱，人们感觉不到，但屏幕上的传感器记录了这种变化。

触摸屏的发明

第一个手指驱动的触摸屏是由英国工程师 E. A. 约翰逊（E. A. Johnson）于 1965 年发明的。但它的功能有限，且连接到笨重的阴极射线管（CRT）屏幕上。

更智能的电话

早期的智能手机有机械按钮，其占据了设备一半的表面。苹果公司的负责人史蒂夫·乔布斯（Steve Jobs）对此类设备越来越不满意，并指示苹果公司开发更好的智能手机。最初开发了两个版本：一个带有电容式全触摸屏，另一个带有标准屏幕和机械按钮。乔布斯偏爱触屏版本，并催促团队尽快完成。

iPhone 手机

因为 iPhone 配备了触摸屏，所以设备的更多正面部分可以专门用于观看。触摸屏一次还可以识别多个手指，这种功能称为多点触控。多点触控使用户能够使用直观的手势（例如捏合）来控制设备。iPhone 于 2007 年推出时令消费者眼花缭乱，并成为后来智能手机设计的典范。

4 显示器和电视机

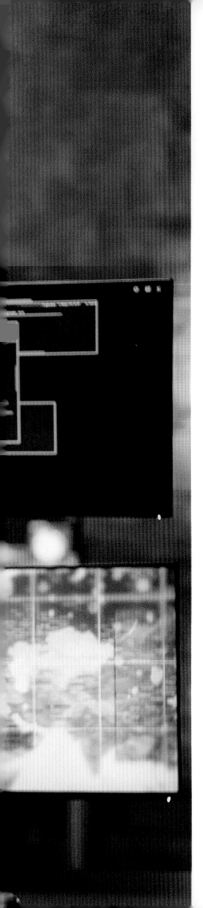

眼见为实

你能想象使用没有屏幕的电脑或智能手机吗？这似乎是不可能的。但计算并不总是涉及显示器。第一代计算机不够灵活和强大，无法连接到如此昂贵的设备上。人们通过穿孔卡片对计算机进行编程，然后收到打印在纸上的结果。

也许有一天，我们将主要通过虚拟现实头戴式设备、增强现实眼镜，甚至是直接的脑机接口与计算机进行互动。但很难想象简单的屏幕会很快消失。有一个屏幕是很方便的：任何人都可以观看它，它的扁平形状很容易安装在设备或墙壁上。自从第一张颗粒状的电视画面出现以来，屏幕已经取得了长足的进步。进一步的技术改进将继续使它们变得更好。

显示器的历史

    第一批真正的计算机显示器使用的是 20 世纪 20 年代开发的阴极射线管（CRT）技术。在工程师发现阴极射线管作为显示产品有更光明的未来之前，阴极射线管最初是作为计算机的内存单元开发的。随着计算机和阴极射线管屏幕的发展，它们慢慢地合并在一起。

令人头疼的阴极射线管

阴极射线管设备非常重。一台中型阴极射线管显示器重约 20 千克。一台中型阴极射线管电视机需要两个壮汉才能抬起。阴极射线管必须要有一定的长度才能显示图片。因此，阴极射线管设备相当厚，占用大量台面或桌面空间。阴极射线管设备耗电很大，还会产生闪烁的图像，使观看者的眼睛紧张疲劳。

等离子体

1997 年，日本富士通制造公司发布了第一台商用平板电视。它使用了与今天的电视截然不同的技术。在装置内部，电将微小的气体单元加热到等离子体状态。等离子电视和显示器向前迈出了一大步。但它们非常昂贵，而且比阴极射线管装置轻不了多少。

液晶显示器和发光二极管

在 21 世纪前 10 年，工程师们开发了一种使用液晶分子的显示器，当显示器被电信号激活时，液晶会改变它们反射的光量。玻璃屏幕内表面上的数千个微型晶体管控制着激活液晶的信号，这种屏幕称为液晶显示器（LCD）。起初，液晶显示器是由荧光灯照亮的。但随着发光二极管（LED）技术的改进和使用，液晶显示器产生出更明亮、更清晰的图像。

施乐奥托：
第一台个人电脑

我们在台式电脑中找到的组件在 20 世纪 70 年代都已经有了。但是一台名为奥托（Alto）的计算机首先将它们组合在一起。美国施乐公司旗下的帕洛阿尔托研究中心（PARC）于 1973 年推出了奥托电脑。在接下来的 10 年里，他们继续改进它。

帕洛阿尔托研究中心为奥托创建了图形用户界面（GUI）。图形用户界面是一个系统，它允许用户使用屏幕上显示的图标和其他视觉元素，而不是通过键入的命令与计算机进行交互。用户可以用道格·恩格尔巴特的第一个鼠标的直接后代进行指向和点击。这种系统需要一台在当时具有高分辨率的显示器。分辨率是衡量屏幕显示细节能力的指标。

奥托强大的阴极射线管显示器支持所见即所得（WYSIWYG）的文字处理和打印。用户可以使用附带的激光打印机打印出与屏幕上完

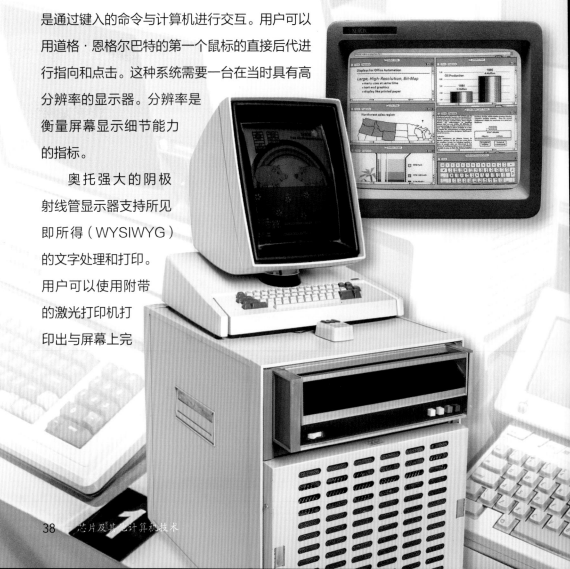

全相同的页面。

　　帕洛阿尔托研究中心还为奥托配备了网络连接。用户可以撰写、发送和接收来自其他奥托用户的消息。这是最早的电子邮件系统之一。

　　施乐公司未能利用革命性的奥托。该公司最终在 1981 年发布了一款名为星（Star）的生产型号。"星"非常昂贵，每台售价超过 16 000 美元（2022 年超过 50 000 美元）。施乐公司将这款计算机推销给大型企业，而不是个人。该公司的管理层对改进如此昂贵的产品和销售给个人消费者的风险不感兴趣，因为消费者以前可能从未见过电脑。

　　然而，奥托的遗产在施乐公司停止将其商业化的决策中幸存下来。苹果公司联合创始人史蒂夫·乔布斯于 1979 年访问了帕洛阿尔托研究中心，并对奥托着迷。他看到了如此简单的可视化界面如何让每个人——不仅仅是大公司的专家——都可以使用计算机。乔布斯聘请了帕洛阿尔托研究中心的一些工程师来开发苹果公司的下一个项目丽莎（Lisa）。丽莎于 1983 年推出，是第一款配备鼠标和图形用户界面的商用计算机。

显示器的未来

显示器和电视屏幕的演化尚未结束。工程师们正在开发新技术，即使它们使用更少的能量，也能生产出比以往更亮、更高分辨率、更薄的屏幕。

量子点

发光二极管

量子跃迁

制造商可以在发光二极管（LED）屏幕的背光中增加一层数百万个微小的晶体。称为量子点的每个晶体，当暴露在光线下时会发出某种颜色的光。这些称为量子发光二极管或量子点发光二极管（QLED）的显示屏，可以具有比传统的发光二极管更深的调色板。

有机发光二极管（OLED）

背光可以洗掉较暗的颜色，使屏幕难以从某个角度观看。下一代平板显示器将使用一层有机聚合物来照亮画面。有机聚合物是以碳元素为基础的长链分子。使用它们的屏幕被称为有机发光二极管，比传统的发光二极管屏幕更亮，对比度更高。OLED 屏幕也可以非常薄——比铅笔的厚度还要薄。

三维电视

2009 年，三维科幻电影《阿凡达》上映，引发了三维媒体内容的快速扩张。次年，制造商推出了三维电视机。但人们对三维电影的需求和三维电视机的购买量却迅速下降。三维电视受到相互竞争的技术标准和对笨拙、有些昂贵的眼镜的需求的困扰。虽然制造商演示了一款不戴眼镜的三维电视，但用户必须坐在一个精确的位置才能体验这种效果。三维风潮刚开始就以失败告终。

5 超级计算机

信息时代的英雄

在计算机的早期历史中，所有的计算机都是专用的、昂贵的和稀有的，需要巨大的机器来执行日常计算。很快，计算机变得更强大、更实惠、更普通。随着越来越多的科学家、工程师和公务人员开始使用计算机，他们想象计算机可以帮助解决极其复杂的问题。超级计算机的时代开始了。

超级计算机是最强大的计算机类别。与个人计算机不同，超级计算机由数千个处理器组成。多个处理器与专用内存一起编组在一个计算节点中。每个计算节点处理部分问题。最大的超级计算机可以拥有数以万计的计算节点。

西摩·克雷（Seymour Cray）
美国工程师，超级计算机发展的先驱。1960年左右，他设计了CDC 6600，这是第一台被称为超级计算机的设备。1972年，克雷创立了克雷研究公司。该公司在20世纪70年代和80年代引领了超级计算机领域。该公司避免使用箱式机柜，更喜欢色彩鲜艳的曲线形式。他们的机器既时尚又功能强大。

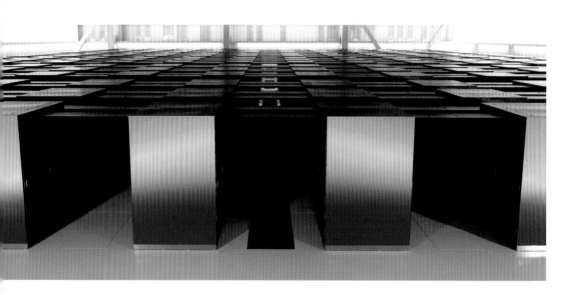

超级计算机

超级计算机的能力以每秒的浮点运算数（缩写为FLOPS）来衡量。位于日本神户的富岳（Fugaku）计算机在2021年问世之后，曾多次被评为"全球最强大的超级计算机"，它能提供超过40亿亿次的算力。（至2022年7月，世界上最强大的超级计算机是美国的"前沿"Frontier。）

超级计算机对什么有用

虽然简单的台式计算机已经非常强大，但超级计算机在许多领域都有助于提升人类的认知。超级计算机通过分析全球现状，并通过季节性趋势来解读它们，从而预测天气。它们可以使用长期气候数据来预测全球变暖的影响。

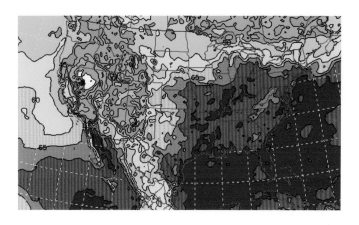

在医学和物理学领域

超级计算机还可以预测原子和分子将如何相互反应，从而使它们在药物研究中发挥作用。核聚变是一种清洁的能源生产方式，但它依赖于极端条件和昂贵的反应堆。超级计算机可以模拟核聚变反应，使工程师们专注于最佳的反应堆设计。

向百亿亿次级冲刺

富岳超级计算机不会永远留住王冠。美国阿贡国家实验室的一台名为极光（Aurora）的超级计算机将打破计算记录。极光超级计算机将能够超过二百亿亿次级浮点运算。一个百亿亿次级浮点运算是每秒 1×10^{18} 次浮点运算。就算是"极光"登顶的时间也会是有限的，其他机构已经在努力使用更强大的机器来超越它。

术语表

等离子体：在物理学中是一种由带电粒子组成的物质形式。太阳和其他恒星由等离子体组成。

DNA：脱氧核糖核酸，一种在每个活细胞中发现的细链状分子。它指导细胞的物质合成、能量转化和信息交流，来完成细胞的生长、发育、衰老和凋亡。

分辨率：镜头或传感器产生非常靠近在一起的物体的单独图像的能力。

工程师：规划和建造发动机、机器、道路等的专业人士。

激光：一种仅在一个方向上产生非常窄的光波长范围的非常窄和强烈的光束的装置。相比之下，标准光源产生许多波长的光，所有这些光都朝着稍微不同的方向传播。

基因：携带遗传信息的基本物质单位。

建筑师：设计和布局建筑物规划的人。

晶体管：一种控制电子设备中的电流流动的微小装置。

数据中心：容纳计算机系统和通信设备的设施，通常提供远程或"云"计算服务。

虚拟现实：一种人造的三维计算机环境。

阴极射线管：在其中产生高速电子并通过电磁场的一种真空管。阴极射线管曾经广泛用于电视屏幕和计算机显示器。

云端：用于存储和处理通过互联网发送的信息的服务器网络。

增强现实：是向物理世界添加人工视觉、听觉或其他感官信息，使其看起来像是实际环境的一部分。

智能手机：一种便携式电话，配备用来执行呼叫以外的其他功能，例如提供互联网访问、支持消息传递或拍照。

科技强国　未来有我

强国少年高新科技知识丛书

本套丛书聚焦为人类社会带来革命性变化的 10 大科技领域，主题丰富多样、图文相映生趣、知识思维并重，帮助孩子一览科学前沿的精彩风景。富于视觉冲击力和想象力的实景插图勾勒出人类未来生活图景，与对前沿科学原理的生动阐释相辅相成，带领读者一站式沉浸体验科学魅力。在增强知识储备的同时，对高新科技发展历程的鲜活呈现以及对科技应用场景的奇妙畅想，亦能启发孩子用科学思维解决实际问题。

涵盖 10 大高新技术领域，58 项科技发展趋势

触达未来场景 · 解读科学原理 · 感悟科技魅力